化妆品消费安全常识

方洪添　谢志洁　主编

广东省药品监督管理局　编

科学出版社

北京

图书在版编目 (CIP) 数据

化妆品消费安全常识／方洪添,谢志洁主编.—北京:科学出版社,
2017.3
ISBN 978-7-03-052098-2

I.①化⋯ Ⅱ.①方⋯ ②谢⋯ Ⅲ.①化妆品–消费安全 Ⅳ.①TQ658

中国版本图书馆 CIP 数据核字(2017)第 050348 号

责任编辑:李国红 周 园／责任校对:郭瑞芝
责任印制:赵 博／封面设计:陈 敬 胡伟明

科 学 出 版 社 出版
北京东黄城根北街 16 号
邮政编码:100717
http://www.sciencep.com

北京九天鸿程印刷有限责任公司 印刷
科学出版社发行 各地新华书店经销

*

2017 年 3 月第 一 版 开本:B5(720×1000)
2020 年 11 月第四次印刷 印张:3
字数:20 000
定价:30.00 元
(如有印装质量问题,我社负责调换)

编 委 会

- 序 -

随着经济社会的快速发展和人们生活水平的不断提高，化妆品的使用越来越普遍，已经成为人们美化生活和提升幸福感的日用消费品。中国也在不知不觉中快速进入了"美丽时代"，成为世界第二大化妆品消费市场并将继续保持稳定上升趋势。

化妆品是清洁人、护理人和美容人的产品，与人们生命健康息息相关。近年来，化妆品安全问题时有发生，非法添加禁限用物质、虚假夸大功能宣称等安全问题频频出现，已经成为社会关注的热点。化妆品安全没有零风险，保障化妆品安全是"美丽时代"的客观要求。

药品监管部门是保障化妆品安全的职能部门，在创新监管模式、实施最严监管、提高监管效能等方面认真履职尽责的同时，应当积极推进社会共同治理，通过风险交流、科普宣传等方式方法，调动社会力量特别是消费者参与到保障化妆品安全的行动中来。

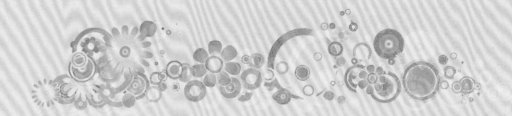

　　化妆品是使用在人体表面的产品，起到的是清洁、保护、美化和修饰的作用，其对人体的作用是轻微的、缓和的。化妆品不是药品，在功效上不可能像药品那样起到速效显效作用。消费者只要掌握了这个常识，就自然能够将所谓强效速效甚至是治疗疾病的化妆品拒之门外了。

　　历年来的化妆品安全事件原因调查也显示，如果消费者具有一定的化妆品安全消费常识的话，许多安全风险是可以有效避免的。化妆品属于主动消费、自主使用的日常用品，消费者是化妆品安全保障的最后一道防线。因此，在消费者中普及化妆品安全消费常识的意义价值不言而喻。

　　为此，广东省食品药品监督管理局委托广东省化妆品学会组织有关专家编写了此书，并在完美（中国）有限公司的支持下得以出版，希望本书能够帮助社会公众科学理性认识化妆品，为广大消费者的"美丽梦想"插上安全的翅膀。

骆文智

（广东省食品药品监督管理局 党组书记、局长）

2017年1月

- 目录 -

五、化妆品安全没有零风险

六、如何正确地维权？

一、生活离不开化妆品

1 什么是化妆品？

关于化妆品的定义，世界各国（地区）的法规规定略有不同。

在我国，《化妆品监督管理条例》规定，化妆品是指以涂擦、喷洒或者其他类似方法，施用于皮肤、毛发、指甲、口唇等人体表面，以清洁、保护、美化、修饰为目的的日用化学工业产品。

化妆品跟我没有关系啊。

而且化妆品是女性用的东西，大男人怎么可能用化妆品！

这正是绝大多数消费者都存在的一个认识误区。

试问一句，你每天洗澡不用沐浴露，洗头不用洗发水吗？

当然用啦，每个人洗澡的时候肯定都要用的。

根据这个定义，沐浴露和洗发水也是按化妆品管理的。因此，同意化妆品是生活必需品了吧？

明白了~

一、生活离不开化妆品

请您也试着判断一下，下列产品是否属于化妆品？

美容针

使用方法：注射；
使用部位：体内。

不符合化妆品定义，不属于化妆品的管理范畴。

美容胶囊

使用方法：口服。

不符合化妆品定义，不属于化妆品的管理范畴。

花露水

若花露水使用目的仅具有芳香效果，则属于化妆品的管理范畴。

若具有消炎、驱蚊等效果宣称的不属于化妆品的管理范畴。

洗手液

使用方法：涂擦后以清水洗净；使用部位：皮肤表面；使用目的：清洁皮肤。

符合化妆品的定义，属于化妆品的管理范畴。

若具有抗菌功效宣称的就不属于化妆品的管理范畴。

精油

使用方法：涂擦；使用部位：人体表面。

如果精油产品宣称具有保护美化皮肤等功效的，属于化妆品。

如果精油产品宣称具有卵巢保养等功效的，则不属于化妆品。

爱美之心，人皆有之，
化妆品是美丽的守护者。

2 化妆品分类要知道

依据《化妆品监督管理条例》，在我国化妆品家族主要分为两大派系，那就是特殊化妆品和普通化妆品。

特殊化妆品主要包括用于染发、烫发、祛斑美白、防晒、防脱发的化妆品以及宣称新功效的化妆品。

为达到上述功效，特殊化妆品需要添加某些功效成分，安全要求较高，因此国家对特殊化妆品实行注册管理，需要获得国家药品监督管理部门的批准文号后方可上市销售。

特殊化妆品以外的化妆品为普通化妆品。

普通化妆品按照使用目的和作用部位可分为护肤类、发用类、美容修饰类和香水类四类。国家对普通化妆品实行备案管理，需要在省级以上药品监督管理部门备案后方可上市销售。

二、选购化妆品有学问，安全比美更重要

1 去哪里买化妆品更安全？

现在生活越来越便利，我们可以从不同的渠道购买化妆品。主要可以分为线上和线下两种方式。

线上 就是通过互联网购买，比如网购网站、微商（微信公众号的微商称为B2C微商；朋友圈开店的称为C2C微商）、跨境电商、朋友代购等新颖且方便的途径。

线下 就是比较传统的途径，必须亲自去购买，比如超市及大卖场、百货商场、专营店、个人护理店及便利店、美容院等地方。

相对于传统的线下渠道和线上正规的电商网站，朋友圈开店的微商、朋友代购等个人销售的渠道，目前消费者维权难以得到保障，存在比较大的安全风险，所以建议谨慎选择这些途径购买化妆品。

二、选购化妆品有学问，安全比美更重要

2 化妆品身份证明须记牢

A 不同产品的身份证明是怎么区分的呢？

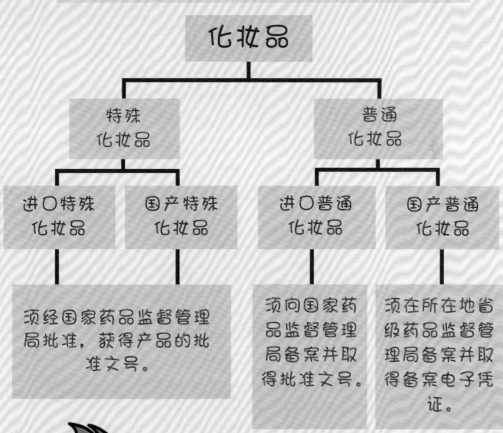

化妆品

特殊化妆品

普通化妆品

进口特殊化妆品 | 国产特殊化妆品

进口普通化妆品 | 国产普通化妆品

须经国家药品监督管理局批准，获得产品的批准文号。

须向国家药品监督管理局备案并取得批准文号。

须在所在地省级药品监督管理局备案并取得备案电子凭证。

以上批准文号、备案电子凭证就是化妆品的身份证明，批准文号需标注在产品的包装标签上，备案电子凭证的备案编号虽未要求标注在产品的包装标签上但可在国家药品监督管理局网站上查询。

具体形式如下：

① 进口特殊化妆品批准文号：

国妆特进字 JXXXX XXXX

② 进口普通化妆品批准文号：

国妆备进字 JXXXX XXXX

③ 国产特殊化妆品批准文号：

国妆特字 GXXXX XXXX

④ 国产普通化妆品备案电子凭证备案编号格式为：

省、自治区、直辖市简称＋妆备字＋4 位年份数
＋6 位本行政区域内的发证顺序编号

B 为什么需要身份证明？

　　在我国，市场上所有合法的化妆品都必须有前面所说的身份证明。

　　一款化妆品的身份证明得以确认，则可基本判断为合法产品。而不具备身份证明的化妆品，则可肯定其属于非法产品。

C 身份证明如何查询

既然查询化妆品身份证明如此重要，那应该如何查询呢？

方法一 是在购买化妆品时可要求销售者出示相应的产品身份证明，销售者如果拒绝或无法出示，则不要购买，并可向当地药品监管部门举报；

方法二 则是自己通过国家药品监督管理局的网站，可以查询相应产品身份证明的详细信息。

国家药监局

化妆品监管，是国家药品监督管理局发布的具有数据查询、化妆品专题科普、投诉举报等多种功能的APP，旨在有效提高化妆品监管数据利用效率和数据公开水平，提升监管效率和社会监督能力。

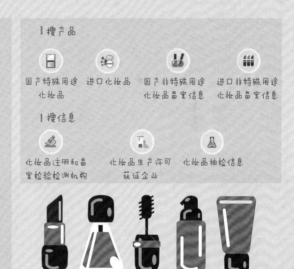

| 搜产品

国产特殊用途化妆品　进口化妆品　国产非特殊用途化妆品备案信息　进口非特殊用途化妆品备案信息

| 搜信息

化妆品注册和备案检验检测机构　化妆品生产许可获证企业　化妆品抽检信息

我们在查询化妆品的身份证明时，要看清楚国家药品监督管理局网站的产品详细信息，不仅批准文号，还有产品名称、生产厂家、外包装等是否相符。

3认清标签很重要

要识别一款化妆品呢，主要从产品的包装和标签识别。
化妆品的标签上应当标明：

产品全成分表

产品名称

化妆品生产许可证编号

净含量

生产日期和保质期或者生产批号和限期使用日期等

产品执行标准

批准文号

产品合格标记

生产企业名称和地址

规范标签小提示

如果是使用外文标注的进口化妆品，必须附有合格的中文标签，应标注原产国或地区的名称，在中国依法登记注册的代理商、进口商或经销商的名称和地址等内容。必要时应注明安全警告和使用指南。

如果是小朋友或其他特殊人群的化妆品，还必须标明注意事项、中文警示说明，以及满足保质期和安全性要求的储存条件等。

4 化妆品名称规范要知晓

化妆品名称，一般由商标名、通用名、属性名组成。

化妆品的商标名分为注册商标和未经注册商标。

化妆品的通用名，就是一些表明产品主要原料、主要功效成分或者产品功能的文字。

化妆品的属性名应当表明产品真实的物理性状或外观形态。

举个例子：

产品信息	×××美白嫩肤防晒精华乳 SPF25 PA++
生产企业	
批准文号	
批准日期	
卫生许可证号	
产品类别	祛斑类、防晒类
生产企业地址	
批准有效期	

可以看到，商标名是"×××"；通用名是"美白嫩肤防晒精华"；属性名是"乳"。

为了避免广大的消费者被误导，国家在化妆品名称中禁止了使用某些词意表达或词语，禁用语大概有以下这些：

庸俗性词意

如"裸"用于"裸体"时属庸俗性词意，不得使用；用于"裸妆"时可以使用。

夸大性词意

如"专业"可适用于在专业店或经专业培训人员使用的产品，但用于其他产品则属夸大性词意。

与产品的特性没有关联，消费者不易理解的词意

如智能、红外线等。

虚假性词意

如只添加部分天然产物成分的化妆品，但宣称产品"纯天然"。

医疗术语

如药方、妊娠纹、各类皮肤病名称、各种疾病名称等。

绝对化词意

如特效、全面、特级等。

医学名人的姓名

如华佗、张仲景等。

明示或暗示医疗作用和效果的词语

如抗菌、抑菌、解毒、斑立净、瘦身等。

已经批准的药品名

如肤螨灵等。

封建迷信词意

如"神"用于"神灵"时属封建迷信词意；用于"怡神"时可以使用。

此外，在网上搜索一下就能找到很多名称不合法的化妆品，比如"xxxx全效紧致眼霜"、"xxx活血解毒养颜乳"、"药物化妆品"等，大家不仅不要购买这些化妆品，还要积极地举报，共同维护消费者权益。

5 化妆品虚假广告应明辨

目前，市场上流通着品类繁多的美白、祛斑类化妆品。

电视广告、街头传单铺天盖地……

"根治黄褐斑、妊娠斑、蝴蝶斑、肝斑"

"3天美白，7天还你靓白肌肤"

"一次见效，有效率90%以上"

在宣传过程中，常有鼓吹，每句话每个字都对化妆品小白具有极大的诱惑力，他们很容易听信这些宣传。

那么，究竟应如何辨析化妆品的虚假广告呢？下面先放出严肃的法律条文镇镇场。

化妆品广告禁止出现下列内容：

（一）化妆品名称、制法、成分、效用或者性能有虚假夸大的；

（二）使用他人名义保证或者以暗示方法使人误解其效用的；

（三）宣传医疗作用或者使用医疗术语的；

（四）有贬低同类产品内容的；

（五）使用最新创造、最新发明、纯天然制品、无副作用等绝对化语言的；

（六）有涉及化妆品性能或者功能、销量等方面的数据的；

（七）违反其他法律、法规规定的。

其实呢，所谓万变不离其宗。
不管广告如何宣传其产品功效，我们只要回到化妆品的定义中，
从定义出发，就能轻易地识别出哪些化妆品广告夸大了宣传。

化妆品的作用只有：

清洁

保护

美化

修饰

化妆品的作用温和，只能起到一些辅助作用，而且起效周期也长。

有些化妆品广告如下——

"肌肤15倍透亮白皙，7天后奇迹般呈现亮白光采"

"迅速美白"

上面这些看着就让人心动的宣语，通常都是虚假广告，请一定要理性。欢迎拨打12315举报。

6 安全购买化妆品ABC

A 辨识化妆品质量"五步曲"

① **看标签** 应仔细查看产品的标签信息，还应特别注意标签上的安全警告用语。

② **观颜色** 看一看是否发黑、发黄。

③ **闻气味** 闻一闻是否有酸味或怪味。

④ **看稀稠** 化妆品若变稀出水则说明体系不稳定或者变质了。

⑤ **察表层** 观察表面是否有霉斑。

B 网购化妆品"四注意"

① 应选择到正规合法的网站购买化妆品。

② 购买化妆品时，要仔细查看产品标签和身份证明，不购买标签及身份证明信息不完整的化妆品。

③ 不要盲目轻信互联网广告和宣传，与市场价格相比明显过低的产品，要谨慎购买。

④ 要注意索要发票和电子购物凭证，核对内容并妥善保存。

C 选购化妆品"小提示"

根据肤质选择化妆品

每个人的皮肤状况都有区别，适合别人的化妆品不一定适合自己，因此我们先要了解自己的肤质、发质。

选择正规途径购买

比如超市、百货商场、专营店、个人护理店及便利店等有合法营业执照的门店购买化妆品。

查询产品合法性

通过国家药品监督管理局网站查询化妆品的注册备案情况。

观察产品质量

看看是否有变黑，油水分离或长霉斑等现象，闻一闻有没有变味。

试用产品

取少量产品涂抹在耳朵后面或前臂屈侧处，确定没有刺激或过敏后才购买。

留存购买凭证

购买时索要发票或商场小票，并保留化妆品的包装留作维权时的证据。

护肤是一个很缓慢的过程，要尊重皮肤本身的规律，不要急于求成。化妆品更不是药品，化妆品的作用只有清洁、保护、美化、修饰，不可能具有治疗皮肤疾病的功效，如果出现皮肤疾病，一定要就医。

美容院是向消费者提供合法化妆品，配以美容护理，皮肤保健等服务的场所。

当美容院向你推荐使用各种具有保养卵巢、治疗颈椎病等功效的化妆品，甚至还给你口服或注射各种产品时。请你一定切记：美容院不是医院！美容院不具备这样的能力和资质，各种已报道的美容院致人身伤害事件多发生在此类非法经营的美容院。

当然，有一种合法的具备美容整形资质的美容院，其实应更准确地称呼其为美容医院，其性质属于医院，通常称为**美容医疗机构**。

美容医疗机构必须经卫生行政部门登记注册并获得《医疗机构执业许可证》后方可开展执业活动，其对从业人员有专业学历要求，并且要获得相应的资格证方可上岗，一般的生活美容院不可与美容医疗机构混为一谈。

因此，当出现皮肤疾病，最好是到医院咨询医生，不要盲目地使用化妆品。若涉及整容或注射则应该到合法的美容医疗机构，而不是未取得《医疗机构执业许可证》的生活美容院。

1 不可盲目相信"快速美白"

A 正确认识美白，不要盲目追求

少数企业利用人们盲目追求速效显效的美白的心理非法添加禁用物质，导致美白祛斑类化妆品安全问题屡禁不绝。

因此，消费者科学认识美白祛斑化妆品是保障化妆品安全不可或缺的重要条件。

皮肤颜色的深浅主要是由表皮中黑色素的多少决定的。

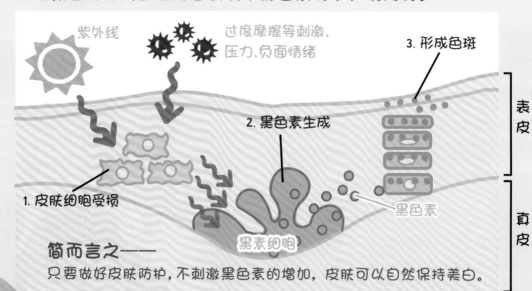

紫外线

过度摩擦等刺激、压力、负面情绪

3. 形成色斑

2. 黑色素生成

1. 皮肤细胞受损

黑色素

黑素细胞

表皮

真皮

简而言之——

只要做好皮肤防护，不刺激黑色素的增加，皮肤可以自然保持美白。

老师，很多人渴望美白，关于美白的方法又有哪些？

一是物理美白，就是利用无机粉末修饰皮肤颜色，遮掩皮肤瑕疵，这种方法比较安全，能快速美白，但只是一种美白的表象；

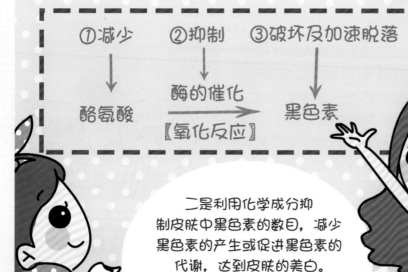

①减少　②抑制　③破坏及加速脱落

酪氨酸　$\xrightarrow[\text{【氧化反应】}]{\text{酶的催化}}$　黑色素

二是利用化学成分抑制皮肤中黑色素的数目，减少黑色素的产生或促进黑色素的代谢，达到皮肤的美白。

与物理美白快速见效不同，通过添加美白化学成分减轻皮肤表皮色素沉着而达到美白效果是一个缓慢的过程。

如果某美白产品说明使用后能立刻见效，那这款美白产品要么是通过物理遮掩达到美白效果，要么是虚假宣传，更要警惕的是，还可能非法添加了大量禁用物质。

B 美白化妆品中的常见的非法添加成分

汞及其化合物

汞能通过减少皮肤的黑色素生成而实现快速祛斑、美白。

但汞是有毒的重金属，虽然可以在一周、甚至更短的时间内淡化皮肤上的斑点，长期使用则会引起接触性皮炎，并且汞可被皮肤吸收，蓄积在体内，导致汞中毒。

氢醌通过抑制黑色素细胞代谢过程而产生可逆性的皮肤褪色，达到皮肤美白效果。

但是氢醌有较大毒性，对皮肤、黏膜有强烈的腐蚀作用，可抑制中枢神经系统或损害肝、皮肤功能。在我国，用于治疗黄褐斑、雀斑及炎症后色素沉着斑的氢醌制剂按处方药管理，必须在医生的指导下使用才能保证安全。化妆品作为一种消费者自主使用的日常用品，禁止添加氢醌。

氢醌

激素类

糖皮质激素是近年来最常被非法添加的美白成分，包括氯倍他索丙酸酯、地塞米松、倍他米松等。

糖皮质激素通过收缩毛细血管、增强机体的水钠潴留和减缓皮肤新陈代谢，间接导致含黑色素的皮肤角质层变薄等三种方式达到皮肤美白、水嫩的效果。长期大量使用激素可导致激素依赖，严重的可引起身体多器官损害。

C 如何正确美白

美白的前提是做好防晒

大部分黑色素都是由阳光中的紫外线刺激引起的，如果不养成防晒的习惯，就算使用再多的美白产品都于事无补。此外，眼部比面部皮肤更薄，眼部防晒更重要。

先保湿再美白

如属于敏感或干性皮肤，使用美白产品前应先为皮肤保湿，这样可提高皮肤角质层的水分。健康的皮肤细胞组织，能减少使用美白产品时所产生的不适症状。

美白需要内外兼修

皮肤绝对能反映身体状况，要皮肤白净，除了外涂美白化妆品，良好的生活习惯对阻止色素产生甚有帮助，内外兼修，才能全面美白。

选用安全可靠的化妆品

最重要的是要从合法渠道选择经国家药品监督管理局注册的产品，才能保证安全可靠。

2 医院祛痘更靠谱

痘痘，学名叫痤疮，是一种毛囊皮脂腺引起的慢性炎症性皮肤病。可分为寻常性痤疮和聚合性痤疮等。寻常性痤疮一般有几个阶段，可以分为粉刺，炎性丘疹，脓疱，结节，囊肿及疤痕等。除了粉刺外，其他类型痤疮都是炎性痤疮，即皮肤发生了炎症。

在我国，抑制粉刺类产品按化妆品管理，人们通常所说的祛痘化妆品，实际上仅限于抑制粉刺类产品。此类产品不得宣传治疗作用和有效率，不得虚夸，如宣传治疗作用，应按药品管理。

A 痘痘的形成过程

① 正常皮肤

② 皮脂腺大量分泌油脂

③ 油脂及异常角化的角质层细胞造成毛孔堵塞，形成粉刺

④ 细菌大量繁殖，导致炎性痤疮

⑤ 细菌及炎症扩散，形成重度痤疮

B 痘痘的形成原因

可恶！怎么又多冒出了一颗痘痘？

导致痘痘发生的原因很多，分内因和诱因。

- 内因 -

① 内分泌功能失调，雄性激素升高

② 皮脂腺分泌过多油脂

③ 毛囊皮脂腺导管上皮细胞异常角化，油脂排出障碍

④ 痤疮杆菌感染

- 诱因 -

 ① 药物刺激

 ② 环境污染

 ③ 化妆品使用不当

 ④ 饮食不健康

 ⑤ 睡眠不足

 ⑥ 精神压力过大

⑦ 个体肤质差异

 ⑧ 卫生习惯

C 应对痘痘，对症下"药"是正道

当皮肤出现痘痘时应查明原因，根据不同情况采用不同的应对策略。

① 对于容易起痘痘的皮肤，注意适度清洁，选用含氨基酸类表面活性剂等温和清洁成分的洁面产品洗脸。

② 对于粉刺，可以选择用水杨酸成分的化妆品来抑制粉刺，保持皮肤代谢正常，也可以选择含甘草酸二钾成分的温和祛痘化妆品。

③ 对于严重炎症型痤疮或长期反复出现痤疮症状的患者，应该到医院进行诊断，交给医生处理。长期战"痘"者，医生＋药是最佳选择。

D 祛痘化妆品中常见的非法添加成分

祛痘化妆品只能一定程度上起到预防痘痘和改善痘痘早期的黑白头粉刺的作用，但某些化妆品为了加强祛痘效果，可能会非法加入一些禁用成分，例如：

抗生素

抗生素具有抗菌和消炎的作用，对消除痘痘、粉刺等有一定效果。但抗生素属于药品，应该在医生的专业指导下使用才能保证安全。

化妆品中禁止添加抗生素。长期使用添加了抗生素的化妆品会刺激皮肤，引起接触性皮炎，表现为红斑、水肿、糜烂、脱屑、渗出、瘙痒、灼热等，更严重的是会导致致病菌耐药性的产生，出现具有强耐药性的"超级细菌"。常被非法添加的抗生素主要有氯霉素、林可霉素、氧氟沙星等。

激素

激素类成分如糖皮质激素能让痘痘的炎症症状得到缓解，确实对减少痘痘有短期效果。

但是这种缓解只是治标而已，并没有真正解决细菌和皮损的问题，在一段时间之后就一定会重新爆发出来。更为严重的是，长期大量使用激素可导致激素依赖，严重的可引起身体多器官损害。

3 跟"鸦片面膜"说拜拜

近年来，使用面膜已成为众多爱美人士的一种生活习惯。虽然监管部门的抽检结果显示，面膜的质量状况总体上是安全可靠的。

但也有少数不法分子利用消费者追求快速美白的心理，在面膜中非法添加禁用物质，近期曝光的药品监管部门查处的"鸦片面膜"就属于这种情况。

A 何为"鸦片面膜"

"鸦片面膜"实际上就是指非法添加了糖皮质激素的面膜。糖皮质激素连续使用超过一定时间就会产生激素依赖，所以被形象地称为"皮肤鸦片"，非法添加了糖皮质激素的面膜就被媒体称为"鸦片面膜"。

长期使用添加激素的面膜可导致激素依赖性皮炎，通常有以下表现：

⊙ 皮肤易敏感，灼热，瘙痒，刺痛，紧绷；

⊙ 皮肤潮红，毛细血管扩张；

⊙ 色素沉着，皮肤灰暗或出现褐色斑；

⊙ 毳毛（细小的体毛）增生。

当你发现异常想要停止使用时，通常已经晚了，停用将导致病情进一步加重，演化为大面积的红斑、丘疹、痤疮等。要想治好激素依赖性皮炎，往往费财费力，疗程通常要1年左右。

B 远离"鸦片面膜"

远离激素依赖性皮炎，跟"鸦片面膜"说拜拜，关键在于大家要有防范意识，应理性看待面膜的美白功效，不可追求速效强效，不给不法分子可乘之机。购买面膜时必须选择有身份证明的产品，特别是线上购买的时候，不展示身份证明的产品最好不要购买。

如果已经买了，使用后发现效果惊人，皮肤立刻通透水嫩，肤质改变明显，但停用后出现其他不适反应，那一定要小心了，这种产品很可能有问题。

C 安全使用面膜的Q&A

Q1：面膜究竟会不会致癌？

A1：面膜正常使用不会致癌

目前的面膜多使用成膜剂或布料、无纺布等材料作为托衬，添加各种功效成分及化妆品配方的基本成分组成（如保湿剂、防腐剂等），使用的方便性大大改善了。

面膜的成分比化妆品要简单，而且正规厂家所使用的材料和各种成分也是国家相关法规允许使用、经过严格安全性评估过的。

因此，使用正规品牌的面膜，且不用过期的面膜产品，是无需担心致癌问题的。

Q2：面膜容易导致皮肤过敏吗？

A2：面膜使用不当，易出现接触性皮炎。

用面膜敷脸后，有些成分会对皮肤敏感的人产生刺激，出现刺激性接触性皮炎。

而有些对某些化妆品成分过敏的人，使用了正好含有这些过敏成分的面膜后，皮肤会出现过敏症状，也就是变态反应性接触性皮炎。

一般症状都较轻，多数人停止使用并清洁后可逐渐痊愈，稍严重的患者经皮肤科医生治疗后也都可以恢复。

当然，如果使用那些假冒伪劣产品以及美容院非法自行配制的产品，那就有可能造成严重的后果。

Q3：面膜里所含的防腐剂真的安全吗？

A3：不必谈防腐剂色变。

如果是规范使用《化妆品安全技术规范》中允许使用的防腐剂，在现有的科学评价体系内（化妆品中允许使用的原料基本上都经过各国严格的安全性评估），不会出现致癌的风险。

面膜会变质，就如同食物打开包装放几天后就会变质的道理一样。许多罐装、袋装的食品中就含有防腐剂。

使用国家允许使用的防腐剂是安全的，何况是用到皮肤上的面膜？因此，爱美的女性真不必谈防腐剂色变。

4 忘了"药妆"吧！

A 什么是"药妆"？

国内外对"药妆"并没有明确的法律定义，"药妆"只不过是少数化妆品经营者一种营销炒作概念，很多消费者对于"药妆"的概念都是通过媒体广告宣传所得的。

B 国内是否有"药妆"？

老师，我查了好多资料，发现中国并无"药妆"的批准文号呀。

在我国，特殊化妆品按照化妆品管理，与"药妆"毫无关系。

而且，根据我国有关规定，化妆品不允许宣传或暗示具有药品的治疗功效。

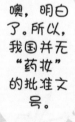

噢，明白了。所以，我国并无"药妆"的批准文号。

1 化妆品成分清单有什么用？

化妆品的成分标签是化妆品最接近真相的信息展现，是大家安全选择和使用化妆品的重要保障，是为了保障各位消费者的知情权，选择产品的时候我们要懂得通过化妆品成分清单去选择到真正适合自己的产品，特别是过敏体质者，应避免那些具有潜在致敏性的原料成分。

化妆品的成分中，最易引起化妆品过敏反应的过敏原主要有香精、防腐剂、天然提取成分等。

香精	防腐剂	天然来源成分	其他过敏性成分
香精是由人工调配的含有多种香料的混合物，具有某种香气或香型，它是一种人造香料，添加于化妆品中可以产生不同的香味。	化妆品中使用较多的防腐剂有对羟基苯甲酸酯类、咪唑烷基脲、甲醛和异噻唑啉酮类，此外还有苯氧乙醇、溴硝丙二醇等。甲醛是一种常见的过敏原，虽很少作为化妆品防腐剂使用，但化妆品中一些防腐剂在使用后可释放甲醛，如咪唑烷基脲等。	近年来，天然来源的原料成分普遍应用在化妆品中，但天然≠安全，牛奶、花粉、部分的水解蛋白成分，也会存在致敏的风险。	对苯二胺是染发剂中引起皮肤过敏机率最高的物质，在使用染发剂时，一定要关注成分清单，使用前进行局部敏感性皮试。

2 化妆品使用不当危害大

初次使用要试用

化妆品中的成分可能会引起皮疹、瘙痒等，因此，初次使用某种化妆品时，要先做皮肤试验，取少量产品在耳朵后面或前臂屈侧处试行使用3天以上，确定没有刺激和过敏后才能开始在面部使用。如果是出现痒，或者小红疹子，就是说明对这种化妆品过敏的。

不要过量使用

有人认为化妆品不是药品，可以随意使用，甚至不受使用量的限制，这是一种误解。如果化妆品使用量偏多，可能会对皮肤产生一定的刺激，所以不宜过量使用。

儿童不要使用成人化妆品

儿童的化妆品与成人的化妆品质量标准不一样，儿童的皮肤比较细嫩，容易受到伤害，成人化妆品对儿童不适宜，应该使用儿童型专用化妆品。

根据需求使用化妆品

人体的皮肤不是一成不变的，不同的季节都有不同的细微变化，也有不同的护肤需求。比如冬季皮肤干燥，容易失水，这时应该选择油性大的化妆品，而其他季节则可以选择水分大的化妆品；干性皮肤应选择油包水性的脂剂，皮肤娇嫩应选用刺激性小的化妆品。

3 化妆品存放有学问

A 如何读懂化妆品的保质期

今天用一瓶很贵的化妆品时，才发现它过期了！呜~

化妆品的保质期不容轻视，老师教你一些与保质期相关的安全常识吧~

好！

保质期应按下列两种方式之一标注：
——生产日期和保质期
——生产批号和限期使用日期

标注方法

生产日期的标注：

采用"生产日期"或"生产日期见包装"等引导语，日期按4位数年份和2位数月份及2位数日的顺序。

如下图标注："生产日期见包装"和包装上"20200525"，表示2020年5月25日生产；

生产日期见包装

20200525

保质期的标注：

"保质期x年"或
"保质期xx月"

保质期3年

生产批号的标注：

由生产企业自定

【生产批号】10356

限期使用日期的标注：

采用"请在标注日期前使用"或"限期使用日期见包装"等引导语，日期按4位数年份和2位数月份和2位数日的顺序。

如标注："20200920"，表示在2020年9月20日前使用。

限期使用日期见包装

20200920

B 什么是化妆品的开封保质期

在使用化妆品时，你必须知道，其实所有的化妆品上面的保质期都是在未开封的情况下的保存期限。

开封后产品会与空气直接接触，保质期就会缩短到一年半甚至更少。因此，在使用上可要多留心。

这个很重要！

一般产品上会有一个开了封的小罐头图标，图标上有"6M"或"12M"的字样，它的意思就是表示开封后的6个月或者12个月内是最佳使用日期。

12M

我那瓶过期的化妆品就是有这个图标的。

C 如何储存化妆品

老师，我们在存储化妆品时应怎样注意化妆品的保鲜呢？

记住下面的"五怕"原则就可以啦~

①  **怕晒** 阳光或灯光直射处不宜存放化妆品。光线照射会造成化妆品水分蒸发，某些成分会失去活力，紫外线照射会使其中的某些成分发生化学变化，出现膏体干缩、油水分离等现象，丧失了原有功效。

②  **怕冷和热** 大家千万别把化妆品冷冻保存，冬天也不宜将它长期放在寒冷的室外，冷冻会使化妆品发生冻裂现象，解冻后还会出现油水分离、质地变粗，对皮肤产生刺激作用。而过热的环境会使化妆品的稳定性产生影响，缩短它的保质期。

③  **怕潮** 有些化妆品中含有蛋白质，受潮后容易发生霉变。如果包装使用的是铁盖玻璃瓶，受潮后铁盖容易生锈，腐蚀化妆品，使其变质。

④  **怕脏** 化妆品使用后一定要及时旋紧瓶盖，最好避免直接用手取用，或取用时注意手部卫生，如果一次取多了，也别再放回瓶中了，以免细菌侵入繁殖，引发一系列皮肤问题。

⑤  **怕久放** 留意化妆品保质期，别放太久，特别是开封后，它们的使用期限就更短了，需要尽快用完。

化妆品有一个"一年定律"，即开封的护肤品基本应当在一年内用完。

防晒霜：最好当年用完（不开封可存放使用2-3年，开封以后防晒值也会随着时间推移而降低）。

乳状乳液：1年（水状乳液变质会比较快，一旦出现异味就表示新鲜不再。压嘴瓶的身体乳保质期为2年）。

粉底液：可使用1-2年（如果质地变浓稠了，油乳分离，变色，或产生异味，一定要更换新的）。

香水：通常开封后保鲜期仅为一年左右，避免光，热。

口红：如果保存好使用期限在三年以内。但是口红是会吃进肚子里化妆品，新鲜程度一定要注意。

D 怎样分辨变质化妆品

哇！为什么我的润肤霜变成了这种颜色了？

有的化妆品由于保存不恰当，就算没有过期也出现了变质的现象。在这种情况下，不能为了省钱或者舍不得还继续使用，否则可能会对皮肤造成很严重的后果。

变色

化妆品原有颜色发生了改变，是由于细菌产生色素让化妆品变黄，变褐甚至变黑。

发酵

化妆品产生气泡和怪味，是由于细菌的发酵，使化妆品中的有机物分解产生酸和气体。

油水分离

化妆品变稀出水，是由于菌体里含有水解蛋白质和脂类的酶，使化妆品中的蛋白质分解，乳化程度受到破坏，导致变质。

长斑

化妆品出现绿色，黄色，黑色等霉斑，是由于潮湿使霉菌污染化妆品所导致的。

 不要让美丽成为伤害！

五、化妆品安全没有零风险

1 常见化妆品安全问题有哪些？

化妆品对人体引起的最常见的安全性问题的表现，就是接触性皮炎，即导致皮肤出现瘙痒、皮疹、色素沉着等。

除了皮肤过敏，全身过敏也时有发生，比如出现呼吸、消化等系统方面的过敏反应，甚至出现过敏性休克的情况。

2 是什么引起化妆品安全问题？

导致化妆品安全问题的原因一方面来自化妆品本身，另一方面，化妆品使用者的个体差异也是重要因素。过敏体质人群更容易对化妆品过敏，例如个别消费者对酒精特别敏感，这类人群在使用含酒精的化妆品时就容易过敏。

3 出现化妆品安全问题怎么办？

使用化妆品过程中出现皮肤瘙痒、皮疹等任何安全问题时，应该第一时间停用产品，避免对皮肤的进一步刺激。一般轻微的接触性皮炎在停用产品后可自愈。

如果出现皮肤显著红肿、丘疹及水疱甚至皮肤坏死等严重表现，则应携带使用过的化妆品及外包装，及时到医院皮肤科就诊，并将相关信息上报国家化妆品不良反应监测系统。

六、如何正确地维权？

购买化妆品后请您保留好购物票据、电子凭证、使用的化妆品及外包装。当使用化妆品出现安全问题时，可以当作消费维权的凭证。

情 景 一

不好了，老师。我好像买到假货了，这个产品的批准文号在网上查不到。

要小心，有可能是假冒伪劣产品，请拨打投诉举报热线（12315）投诉。

情 景 二

化妆品的安全问题导致的损失，我又怎么样能获得赔偿呢？

当然是找商家要求赔偿啦；若商家拒不赔偿，可通过拨打消费者维权热线（12315）并根据《消费者权益保护法》第39条维护自身权益。

情景三

老师我买的化妆品是合法的，但用了一段时间皮肤又红又痒，怎么办啊？

这要分情况讨论了。有两种情况。

① 第一，有可能是自身的体质问题，对某种原料过敏，并且购买前没有试用。先看看成分清单，是否有引起自身过敏的成分。无论有没有致敏成分，都要停用这种化妆品了。

正常使用合格化妆品产生的化妆品安全问题，出现化妆品不良反应后，消费者可通过"广东省化妆品不良反应反馈系统"小程序，进行社会个人上报。

② 第二，有可能是这个化妆品不合格。这种情况应第一时间停用此产品，可把购买的凭证和包装找出来，向商家反映，必要时拨打电话 **12315** 举报。

国家药品监督管理局官方
微信公众号

食品药品安全网微信
公众号

广东省药品监督管理局微信
公众号

中国药物警戒微信公众
号

广东消费者委员会微信公
众号

广东省化妆品学会微信
公众号

投诉电话 📞

消费者申诉举报热线：12315